BEI GRIN MACHT SICH IHR WISSEN BEZAHLT

Bibliografische Information der Deutschen Nationalbibliothek:

Die Deutsche Bibliothek verzeichnet diese Publikation in der Deutschen National-
bibliografie; detaillierte bibliografische Daten sind im Internet über http://dnb.d-
nb.de/ abrufbar.

Impressum:

Copyright © 2010 GRIN Verlag, Open Publishing GmbH
Druck und Bindung: Books on Demand GmbH, Norderstedt Germany
ISBN: 978-3-656-21683-4

Dieses Buch bei GRIN:

http://www.grin.com/de/e-book/195413/anabole-steroide-chemische-eigenschaften-
anwendungen-missbrauch-und

Luca Haala

Anabole Steroide. Chemische Eigenschaften, Anwendungen, Missbrauch und Nebenwirkungen

GRIN Verlag

GRIN - Your knowledge has value

Der GRIN Verlag publiziert seit 1998 wissenschaftliche Arbeiten von Studenten, Hochschullehrern und anderen Akademikern als eBook und gedrucktes Buch. Die Verlagswebsite www.grin.com ist die ideale Plattform zur Veröffentlichung von Hausarbeiten, Abschlussarbeiten, wissenschaftlichen Aufsätzen, Dissertationen und Fachbüchern.

Besuchen Sie uns im Internet:

http://www.grin.com/

http://www.facebook.com/grincom

http://www.twitter.com/grin_com

FACHBEREICHSARBEIT AUS CHEMIE:

ANABOLE STEROIDE

CHEMISCHE EIGENSCHAFTEN, ANWENDUNGEN, MISSBRAUCH UND NEBENWIRKUNGEN, ANABOLER STEROIDE

Luca Haala

BG & BRG Gottschalkgasse 21, 8A, 2009/2010

Chemie, Mag^a Sabine Decker

,

Ich erkläre, dass ich diese Fachbereichsarbeit selbst verfasst und ausschließlich die angegebene Literatur verwendet habe.

INHALTSVERZEICHNIS

ABSTRACT

Da ich selber aktiver Sportler bin und regelmäßig Krafttraining betreibe, werde ich oft mit dem Thema „anabole Steroide", oder wie man es in der Umgangssprache sagt: „Anabolika", konfrontiert und sogar darauf angesprochen, ob ich selber schon Erfahrungen damit gemacht habe. Schon mit 16 begann ich, mich für das Thema zu interessieren. Ich las diverse Bodybuilding-Magazine und informierte mich im Internet, nicht nur um selbst informiert zu sein, sondern um auch andere Leute beziehungsweise Freunde vor allem über Doping mit anabolen Steroiden aufklären zu können.

In meiner Arbeit behandle ich, sowohl die chemischen Aspekte der Steroidhormone, als auch die Verwendung und die Auswirkungen auf den Körper, sowie die Geschichte der anabolen Steroide. Die verschiedenen Aspekte werden einzeln in den Großkapiteln behandelt und sind in kleinere Unterkapitel unterteilt. Mit meiner Arbeit will ich einen Überblick über das komplexe und vielschichtige Thema „anabole Steroide" verschaffen.

1 ANABOLE STEROIDE[1]

Anabole Steroide sind Verbindungen, die mit dem Sexualhormon Testosteron verwandt sind.

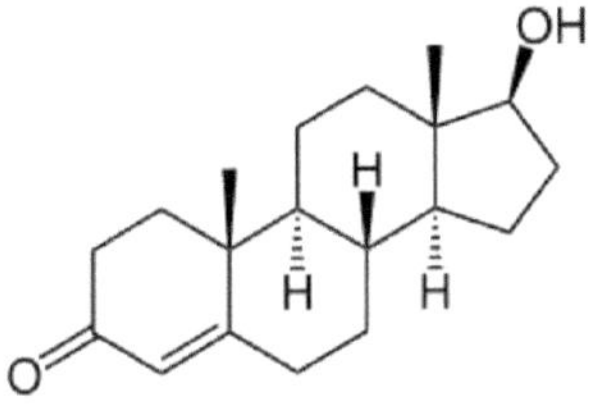

Abb.1 Struktur von Testosteron

Anabole Steroide wirken, sowohl anabol (aufbauend), als auch androgen (vermännlichend). Alle Androgene, somit auch alle anabolen Steroide, haben als Grundgerüst den Androstan-Kern (19-C-Moleküle).

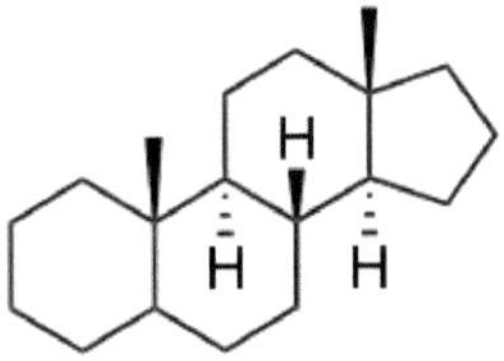

Abb.2 Struktur von Androstan

„Durch chemischen Eingriff an den funktionellen Gruppen am C-17-Atom kann das Verhältnis von androgener zu anaboler Wirkung verschoben werden"[2]

Durch jene Modifizierung der Molekülstruktur kann die anabole Wirkung deutlich verstärkt (bis auf das 10-fache) und verlängert werden, jedoch ist es nicht möglich die androgene Wirkung vollständig aufzuheben. Die wichtigsten Veränderungen zur Steigerung der anabolen Wirkung am Beispiel von Testosteron, werden anhand von Abb.3 gezeigt. Das linke Bild von Abb.3 zeigt das Testosteronmolekül mit der

---

[1] In diesem Großkapitel beziehe ich mich auf folgende Quellen:
Prof. Dr.van Ginkel, J.A.: Profiling Anabolic Androgens and Corticosteroids in Doping Analysis - Rijksuniversiteit te Utrecht, 1992 und http://www.solutions-in-sports.de/SIS-Doping-Dr.Luensch.pdf

[2] http://www.solutions-in-sports.de/SIS-Doping-Dr.Luensch.pdf , Seite 3

Nummerierung der Kohlenstoffatome und die Bezeichnung der Ringe von A bis D. Das rechte Bild zeigt die Stellen, an denen Veränderungen am Molekül vorgenommen werden:

- 1: Alkylierung des C-17 Moleküls.

- 2: Doppelbindung zwischen C1 und C2

- 3: Methylen-, Pyrazol- und Isoxazol-Derivate

- 4: Chlorierung

- 5: Öffnung der Doppelbindung zwischen C4 und C5

- 6: Fluorierung

- 7: 17-Alpha / Betahydroxyl-, Methyl-, Äthyl-Gruppe; 17-phenyl-, acetat-, propionat-, oenanthat-Reste etc

- 8: 19-Nor-Derivat

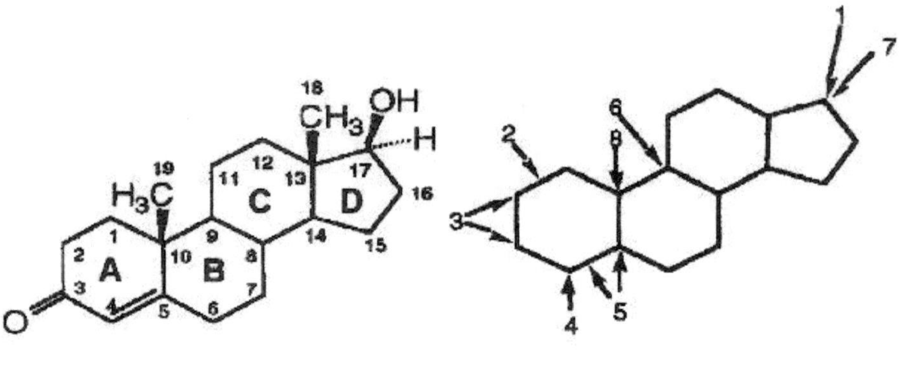

Abb.3

1.1 Benennung

Die Bennenung von anabolen Steroiden wurde von der "International Union of Pure and Applied Chemistry" im Detail definiert. In diesem Kapitel meiner Arbeit werden die wichtigsten Regeln angeführt.

In einem Steroidhormon sind die Positionen der C-Atome nummeriert und die Ringe wie in Abbildung 4 mit römischen Buchstaben bezeichnet. Ihre Konfiguration, das heißt die räumliche Anordnung der Atome, wird mit den griechischen Buchstaben α (Alpha), beziehungsweise β (Beta), oder ξ (Xi) angegeben. Liegt ein Atom über der Ringebene, wird es mit β (als gebrochene Linien gezeigt) bezeichnet, liegt es darunter, wird es mit α (als durchgehende Linien gezeigt) bezeichnet und wenn die Konfiguration nicht bekannt ist, wird es mit ξ (als gewellte Linen gezeigt) bezeichnet.

(A)   (B)

Abb.4[3] A: Zeigt die Nummerierung der C-Atome und die Buchstaben der Ringe.

B: Zeigt die stereospezifische Konfiguration der Atome.

C und D: Zeigen die Steroid-Moleküle aus seitlicher Perspektive und geben zu erkennen, dass der β-Halbraum ober und der α-Halbraum unter der Ringebene liegt.

1.2 Klassifizierung

Die Klassifizierung von Steroiden ist schwer bis unmöglich. Steroidhormone können basierend auf ihren endokrinologischen[4] Effekten, oder ihrer Abstammung eingeteilt werden. Genau betrachtet kann man den Begriff „Steroidhormon" nicht bei synthetischen Analoga[5] anwenden, welche kein Gegenstück im Körper haben. Laut Definition sind Hormone Stoffe, die von den Hormondrüsen produziert werden. Synthetische Analoga hingegen, werden nicht in diesen gebildet. Die Klassifizierung nach pharmazeutischen Effekten ist brauchbarer, jedoch auch nicht immer zufriedenstellend, da der Gebrauch von Steroiden viele verschiedene Effekte haben kann. Obwohl sie nicht vollkommen zufriedenstellend ist, wird jener Typ der

---

[3] Prof. Dr.van Ginkel, J.A.: Profiling Anabolic Androgens and Corticosteroids in Doping Analysis - Rijksuniversiteit te Utrecht, 1992,Seite 11
[4] Die Endokrinologie ist die Lehre der Hormone.
[5] Analoga (pl.) sind chemische Verbindungen mit gleicher biologischer Wirkung.

Klassifizierung aus Annehmlichkeitsgründen vorgezogen, er bezieht sich auf die vorherrschenden pharmakologischen Effekte.

Anabole Androgene – Die chemische Basis ist der oben beschriebene Androstan Kern. Diese Steroide stimulieren die männliche Reifung (=androgene Wirkung).Alle anabolen Androgene haben auch eine Wirkung, welche die Muskeln und Knochen beziehungsweise deren Wachstum stimuliert, den anabolen Effekt. Den androgenen im Gegensatz zum anabolen Effekt kann durch biologische Analysen bestimmt und durch verschiedene Indexe ausgedrückt werden (z.b. den SPAI: steroid protein anabolic index). Leider ist keine Untersuchung zu 100% verlässlich und es ist nicht immer möglich, die genauen Auswirkungen auf den menschlichen Körper zu finden.

Östrogene – Die chemische Basis der Östrogene ist der estr- 1,3, 5 (10)- triene Kern. Diese Steroide stimulieren die weibliche Reifung und spielen zusammen mit den Progestagenen eine große Rolle bei der Menstruation.

Progestagene – Die chemische Basis dieser Steroidhormone ist der Progestagen Kern. Diese Gruppe beinhaltet sowohl Progesteron, als auch progesteron ähnliche Komponenten wie Progestine. Die Haupteffekte dieser Steroide, sind die Bildung der Gebärmutterschleimhaut, sowie die Aufrechterhaltung der Schwangerschaft.

Corticosteroide – Diese Steroide haben den 21- hydroxy - Progesteron Kern als chemische Basis. Ihre Effekte sind unter Anderem Sodiumeinlagerung, Glykogen Ablagerungen in der Leber und Entzündungshemmung. Wie oben beschrieben ist eine komplette Untersuchung aller Effekte nicht möglich.

1.3 Biosynthese

Die Biosynthese von Steroiden besteht aus vielen Schritten, die alle zusammen Teile eines großen Systems sind. Cholesterin ist die Hauptbasis aller Steroidhormone. Neben durch Azetat der Leber , den Keimdrüsen und der Nebennierenrinde synthetisiertem Cholesterin, kann es auch aus köperfremden Quellen kommen. Durch eine Serie von Progestagenen, können anabole Androgene und

Corticosteroide geformt werden. Die Östrogene entstehen aus einer Synthese[6] der anabolen Androgene. Hauptsächlich werden Steroidhormone in den Keimdrüsen, der Nebennierenrinde und während der Schwangerschaft in der Plazenta gebildet.

Die Produktion der Steroide wird vom Hypothalamus kontrolliert. Diese Kontrollfunktion kann grundsätzlich in zwei Aufgabenbereiche geteilt werden. Die Ausschüttung der Releasing-Hormone und der Release-Inhibiting-Hormone, diese steuern die Hormonausschüttung der Hirnanhangdrüse.

---

[6] Synthese: Verfahren, mit welchem aus Elementen eine Verbindung oder aus einfach gebauten Verbindungen ein komplizierter zusammengesetzter neuer Stoff hergestellt wird. (http://de.wikipedia.org/wiki/Synthese_(Chemie))

2 DIE GESCHICHTE DER ANABOLEN STEROIDE.[7]

In diesem Kapitel werde ich die historische Entwicklung behandeln. Angefangen von primitiven Versuchen die Auswirkungen der Kastration rückgängig zu machen, bis hin zur Entdeckung und der Modifikation des Testosterons.

2.1 Die Kastration und primitive Versuche deren Effekt umzukehren

Man weiß seit Jahrhunderten, dass Kastration nicht nur den Verlust der Fruchtbarkeit, sondern auch den Verlust der sekundären Geschlechtsmerkmale nach sich zieht. In Kleinasien führte man schon 4000 v. Chr. Kastrationen an Tieren durch, um diese zu domestizieren.

„*The practice of castration of humans probably originated in Babylonia about 2000 B.C.*"[8]

Ursprünglich wurde die Kastration als strafende Maßnahme eingeführt. Von Babylon aus, verbreitete sich dieser Brauch über große Teile der Welt. Auch in der frühen christlichen Kirche machte man von der Kastration Gebrauch, entweder beim Priestertum, damit diese ihr Zölibat nicht brechen, oder bei Chorknaben, um diese vor dem Stimmbruch zu bewahren. Schließlich wurde die Kastration beim Kirchenkonzil von Nicea im Jahre 325 n. Chr. verboten.

Schon 140 v.Chr. behauptete Sushruta aus Indien[9], dass man Impotenz mit dem Verzehr von Hoden behandeln könne. Die ersten richtigen Spekulationen über die endokrine Funktion der Hoden entstand 1775 durch folgende Ansicht:

---

[7] Übersetzt und alle historischen Fakten dieses Großkapitels entnommen aus: Yesalis,Charles E.: Anabolic steroids in sports and exercises, 2nd ed., Champaign (IL): Human Kinetics, 2000, Kapitel: A Historical Perspective and Definition.

[8] Yesalis,Charles E.: Anabolic steroids in sports and exercises, 2nd ed., Champaign (IL): Human Kinetics, 2000, Seite18

[9] Sushruta war ein indischer Arzt, der schon vor Christi Geburt über 300 verschiedene Operationen in einem Buch beschrieben hatte.

„They proposed that each organ of the body produces a substance that is secreted into the blood to regulate bodily function."[10]

2.2 Entdeckung der endokrinen Funktion der Hoden[11]

In der Mitte des 19. Jahrhunderts nahm man generell an, dass die Veränderungen nach der Kastration, durch das Nervensystem ausgelöst wurden. Den ersten richtigen Ansatz fand Berthold, ein deutscher Professor der Medizin aus Göttingen, und bewies diesen durch ein einfaches Experiment mit sechs Hähnen. Nach der Kastration der Hähne bildeten sich, sowohl der Kamm, als auch die Kehlklappen zurück. Durch Transplantation der Hoden in die Bauchhöhle, konnte man diesen Effekt verhindern. Das veranlasste Berthold zu der Annahme, dass die transplantierten Hoden, da sie ja keine Nervenverbindung hatten, etwas in den Blutkreislauf ausschütten müssen , das ihr Wachstum und ihre Erhaltung beeinflusst. In den folgenden 60 Jahren wurden Bertholds Ergebnisse oft in Frage gestellt. Viele versuchten sein Experiment nachzustellen, waren aber erfolglos. Erst im frühen 20. Jahrhundert konnte man die Produktion eines androgenen Hormons in den Hoden, durch Extraktion aus dem Urin von Hähnen feststellen. Mit relativ simplen Vorgängen konnte man schon um 1930 ziemlich konzentrierte Extrakte des männlichen Hormons aus Urin entnehmen.

2.3 Die Vielfalt der männlichen Hormone[12][13]

Als erstes isolierte man Androsteron aus menschlichem Männerurin und synthetisierte es aus Cholesterin. Kurz darauf hat man begonnen mit dem Synthetisieren, der Isolation und der chemischen Charakterisierung einer Substanz die man aus Stierhoden gewann, nämlich des Testosterons. Testosteron unterscheidet sich chemisch gesehen nur leicht von Androsteron. Durch die Isolation anderer chemische ähnlichen Komponenten aus dem Urin kam man zu der Erkenntnis, dass Testosteron im Körper zu anderen Steroiden umgewandelt wird. Untersuchungen am Testosteron Molekül ergaben, dass es das Potential hat in circa

---

[10] Yesalis,Charles E.: Anabolic steroids in sports and exercises, 2nd ed,, Seite 19
[11] Vgl.: Yesalis,Charles E.: Anabolic steroids in sports and exercises, 2nd ed,, Seite 19/20
[12] Vgl.: Yesalis,Charles E.: Anabolic steroids in sports and exercises, 2nd ed,, Seite 21
[13] Leider konnte ich weder in der vorhandenen Literatur, noch im Internet den bzw. die Wissenschaftler finden, der(die) diesen Prozess als 1. durchführte(n).

600 unterschiedliche Steroide zu oxidieren oder zu reduzieren, diese nennt man Androgene (andro = männlich; gen = produzierend)

2.4 Die Isolation und Charakterisierung von Androsteron[14]

Den ersten großen Erfolg feierte Adolf Butenandt, ein deutscher Biochemiker, indem er 15 mg einer puren Substanz aus 15 000 Litern Urin gewinnen konnte. Seine Analyse ergab, dass Androsteron einen polyzyklischen Kern, genau wie Cholesterin hat. Der Name Androsteron ergibt sich aus drei Wörtern: *andro* = männlich *ster* = Sterol und *on* = Keton

2.5 Die Isolation und Charakterisierung von Testosteron

Nachdem es gelungen war Androsteron zu synthetisieren, begann man die chemischen und biologischen Eigenschaften mit jenen des Extraktes von Hoden zu vergleichen. Das Hodenextrakt wies jedoch eine höhere Stimulation des Wachstums der Keimdrüsen und der Prostata bei kastrierten Ratten und Mäusen auf. Im Mai 1935 schaffte es eine Gruppe aus Amsterdam, eine kristalline Substanz aus Stierhoden zu isolieren (10mg aus 100 kg). Im August 1935 entwickelte ein anderes Team aus Europa eine Methode, eine in ihren Eigenschaften idente Substanz synthetisch herzustellen. Heute nennt man diese Substanz Testosteron.

2.6 Anabole – Andogene Steroide

Synthetisch modifizierte Steroidhormone sind unter dem Namen „Anabole Steroide" bekannt, dabei gibt es keines welches nur anabole und keine androgenen Aktivitäten aufweist. Deswegen lautet die korrekte Bezeichnung eigentlich „anabole – androgene Steroide".

---

[14] Vgl.:Yesalis,Charles E.: Anabolic steroids in sports and exercises, 2nd ed,, Seite 21/22

,

Diese Bennenung bezieht sich aber nur auf die zwei bekanntesten Effekte dieser Steroide. Testosteron zum Beispiel kann, entweder direkt oder indirekt durch seine Zwischenprodukte die beim Stoffwechsel entstehen, das Wachstum und die Funktion von jedem Organ und jeder Zelle beeinflussen.

3 WIRKUNG UND NEBENWIRKUNGEN ANABOLER STEROIDE[15]

3.1 Wirkung auf den Körper

Ein Grund für die hohe Bekanntheit und Beliebtheit von anabolen Steroiden, sind vor allem die Muskel- und Kraftzuwächse die durch die Injektion, beziehungsweise die orale Einnahme von anabolen Steroiden kombiniert mit Krafttraining entstehen. Die Liste der negativen Nebeneffekte ist aber noch viel länger, als die der positiven Wirkungen. Grundsätzlich muss man feststellen , dass alle Menschen unterschiedlich auf die Verabreichung von Steroidhormonen reagieren. Auch im Körper reagieren alle Organe verschieden. Im Prinzip können sich anabole Steroide auf alle Bereiche des Körpers auswirken. Die in diesem Kapitel angeführten Effekte können auftreten, müssen dies aber nicht tun, da wie oben erwähnt jeder Organismus unterschiedlich auf Steroidhormone reagiert.

3.2 Beeinträchtigung des Aussehens

Durch die Einnahme von anabolen Steroiden, können nicht nur die inneren Organe geschädigt werden, auch Haut und Haare können durch Nebeneffekte von Steroidhormonen beeinträchtigt werden.

- **Haare:**

  Durch den Missbrauch von anabolen Steroiden kann es zu vermehrtem Bartwuchs kommen. Die Langzeitanwendung kann weiters zu Haarausfall am Kopf und damit zu einer Glatze führen. Die Körperbehaarung steigert sich in den meisten Fällen nur leicht.

- **Akne:**

  An der Haut macht sich der Gebrauch von Steroidhormon meistens sehr deutlich bemerkbar. Es kann Akne und Follikulitis[16] entstehen. Die androgenen Komponenten der anabolen Steroide vergrößern die Talgdrüsen und ihre Rate an Sekretausscheidung.

---

[15] Fakten entnommen und übersetzt aus: Yesalis,Charles E.: Anabolic steroids in sports and exercises, 2nd ed., Kapitel: Effects on Physical Health, Psychological Effects

[16] „Bei der Follikulitis handelt es sich um eine Entzündung des oberen (äußeren) Anteils eines Haarbalgs", http://de.wikipedia.org/wiki/Follikulitis

- **Gynäkomastie:**

  Als Gynäkomastie versteht man die abnormale Entwicklung von Brüsten bei Männern (= Vergrößerung der Brustdrüse). Das ist ein häufig auftretender Effekt der bei Steroidmissbrauch auftritt. Gynäkomastie tritt auf, wenn der Östrogenspiegel steigt oder der Spiegel von androgenen Hormonen unter den Wert von vorhandenen Östrogenen sinkt. Gynäkomastie kann auch bleiben, obwohl der eigentliche Auslöser nicht mehr vorhanden ist. Viele Bodybuilder versuchen diese Nebenwirkung durch die Einnahme von Östrogenblockern zu verhindern, ist dieser jedoch einmal eingetreten lässt sich in den meisten Fällen eine chirurgische Entfernung des überschüssigen Brustgewebes nicht umgehen.

3.3 Beeinträchtigung der inneren Organe

Schäden an inneren Organen kann man mit dem bloßen Auge nicht erkennen und man bemerkt sie auch nicht sofort, was sie sehr gefährlich macht. Durch anabole Steroide kann es zu schweren irreparablen und lebensbedrohlichen Schäden an inneren Organen kommen.

- **Herzerkrankungen:**

  Herzerkrankungen sind ein viel diskutierter Effekt von anabolen Steroiden, jedoch gibt es keine wissenschaftliche Studie die einen direkten Zusammenhang zwischen dem Missbrauch von Steroidhormonen und Herzerkrankungen.Steroidhormone können aber den Blutgerinnungsfaktor und die Blutplättchen beeinflussen und somit zu Blutgerinnseln führen, welche wichtige Blutgefäße in Hirn, Lunge und Herz verstopfen können. Das Finden eines direkten Zusammenhangs ist dadurch erschwert, dass man den Konsum von anderen Drogen wie Amphetaminen oder familiäre Risiken auch in die Untersuchungen einbinden muss.

- **Leberschäden:**

Viele Abläufe der Steroidverarbeitung spielen sich in der Leber ab. Das macht sie zu einem anfälligen Organ für Schäden durch anabole Steroide. Vor allem oral verabreichte Steroide können die Leber zerstören. Die Schäden können von Entzündungen, bis hin zu Krebs reichen.

- **Hodenatrophie:**

    Bei der Hodenatrophie sind einer oder beide Hoden des Mannes stark verkleinert und produzieren weder Hormone noch Spermien. Da sich durch die Zuführung von Testosteron, die Eigenproduktion einstellt. Wenn dieser Effekt eintritt ist man unfruchtbar, jedoch ist er reversibel und der Normalzustand setzt üblicherweise nach dem Absetzen der Steroidhormone wieder ein.

3.4 Beeinträchtigung der Psyche

In den 1990er Jahren führten einige amerikanische Wissenschaftler mehrere Experimente unter anderem mit Kriegsveteranen (Dabbs und Morris) und Gefängnisinsassen (Dabbs, Jurkovic und Frady) durch[17]. Man fand Zusammenhänge zwischen dem Testosteronspiegel, dem Cortisolspiegel und dem aggressiven Handeln der Testpersonen. Ist der Corisolspiegel niedrig steigert eine hoher Testosteronlevel die Aggression stark, steigt der Cortisolspiegel jedoch, sinkt der Einfluss von Testosteron auf die Aggressionen der Testpersonen. Daraus lässt sich schließen, dass auch durch die Einnahme von anabolen Steroiden das Aggressionspotenzial erheblich gesteigert werden kann.

Weiters können Steroidhormone noch weitere psychische Schäden verursachen. Es kann zu Schlafstörungen und starken Stimmungsschwankungen kommen. Außerdem kann durch den überwältigenden Effekt der Kraft- und Muskelzuwächse auch eine starke psychische Abhängigkeit aufkommen.

---

[17] Entnommen aus: Yesalis,Charles E.: Anabolic steroids in sports and exercises, 2nd ed., Seite 252

4 MEDIZINISCHE ANWENDUNG VON ANABOLEN STEROIDEN

Für den Gebrauch von anabolen Steroiden in der Medikament gibt es mehrere Gründe:

4.1 Hypogonadismus

„Obwohl Androgene nicht zu den lebensnotwendigen Hormonen (wie Kortisol) gehören, ist bei Hypogonadismus[18] mit Testosteronmangel eine ständige Substitutionsbehandlung mit Beginn der Pubertät erforderlich."[19]

Wird diese Therapie nicht angewendet kommt es zu folgenden körperlichen Defiziten:

- **Vor der Pubertät:**

  Unter anderem kann es zu eunuchoidem Hochwuchs kommen, eine Krankheit bei der sich hormonell bedingt die Wachstumsfugen nicht schließen und die Betroffenen größer werden als normale Menschen. Weiters kann der Strimmbruch ausbleiben, die Muskulatur unterentwickelt und die Psyche labil sein. Unter Umständen kann es auch zu Anämie (Blutarmut) und einer Unterentwicklung der Genitalien kommen.

- **Nach der Pubertät:**

  Neben Osteoporose und nachlassender Körperbehaarung kann es, wie vor der Pubertät, zu Anämie kommen. Muskelatrophie (Muskelschwund) der Verlust von Libido, Fruchtbarkeit und Potenz kann ebenfalls daraus resultieren.

  Im Fall von Hypogonadismus substituiert man mit Testosteronestern, da diese langsam von einem intramuskulärem Depot freigegeben werden.

---

[18] Unterfunktion der Keimdrüsen
[19] Grupe,Haas,Kamber,Kindermann,Kley,Schänzer: Doping und seine Wirkstoffe – verbotene Arzneimittel im Sport, Balingen, Spitta Verlag: Seite 72

4.2 Anabole Steroide bei Katabolismus

„Es gibt viele Erkrankungen, die in den 50er- und 60er-Jahren mit Androgenen/ Anabolika behandelt wurden,"[20], zu diesen gehören Osteoporose, viele Organerkrankungen, Rekonvaleszenz, kachektische Zustände (Abmagerung von BMI unter 18),und ähnliches. Obwohl man nie beweisen konnte, dass die Anwendung von Steroidhormonen unwirksam ist, werden diese Krankheiten nicht mehr mit ihnen behandelt[21], da es mittlerweile bessere Medikamente gibt, die weniger Nebenwirkungen haben , als anabole Steroide. Es hat sich auch erwiesen, dass alte, kranke, körperlich belastete, sehr adipöse, lebererkrankte Männer usw. niedrigere Tesosteronspiegel aufweisen, diese werden ebenfalls nicht mit einer Substitutionstherapie behandelt.

---

[20] Grupe,Haas,Kamber,Kindermann,Kley,Schänzer: Doping und seine Wirkstoffe – verbotene Arzneimittel im Sport: Seite 73
[21] Grupe,Haas,Kamber,Kindermann,Kley,Schänzer: Doping und seine Wirkstoffe – verbotene Arzneimittel im Sport: Seite 73

5 VERWENDUNG ANABOLER STEROIDE IM SPORT

5.1 Beginn des Steroidmissbrauchs im Sport

Der Missbrauch von anabolen Steroiden im Sport begann in den 50er-Jahren. Die ersten Berichte von Sportlern die Steroidhormone verwendeten, um Kraft und Gewicht zu erhöhen, stammen aus Russland. In den 60er-Jahren vermehrte sich die Zahl der Leute die anabole Steroide verwendeten immer mehr. Für viele Sportler wurden Steroidhormone zu einem Standardpräparat, welches für diese zu einem unverzichtbaren Hilfsmittel beim Krafttraining.

Anabole Steroide werden besonders bei Sportarten wie Bodybuilding, Gewichtheben, Kugelstoßen, Hammerwerfen und ähnlichen verwendet. Also wenn Kraft-,Muskel- und Massezuwächse von Vorteil sind.

5.2 Wie werden anabole Steroide eingenommen?[22]

Grundsätzlich können auf zwei Arten verabreicht werden, entweder durch Injektion oder oral.

Im Sport sind die eingesetzten Dosen deutlich höher, als jene die zu therapeutischen Zwecken verschrieben werden. Es gibt verschiedene Möglichkeiten die Einnahme von Steroidpräparaten zu dosieren. Beim „Stacking" zum Beispiel, werden 2-3 verschiedene anabole Steroide gleichzeitig über einen Zeitraum von 2-3 Monaten verwendet und die Dosis wird mit Dauer der Kur erhöht. Beim „Cycling" werden verschiedene Präparate in einem festgelegten Rhythmus gewechselt, um die verschiedenen Eigenschaften der unterschiedlichen Substanzen ausnützen zu können. Es gibt noch viele weitere Möglichkeiten Steroidkuren zu gestalten.

5.3 Verringerung der Nebenwirkungen anaboler Steroide durch Ergänzung anderer Substanzen

Die meisten Sportler, die anabole Steroide verwenden, nehmen zusätzlich Stoffe zu sich um die Nebenwirkungen so gering wie möglich zu halten, wie Antiöstrogene um

---

[22] Entnommen aus: Grupe,Haas,Kamber,Kindermann,Kley,Schänzer: Doping und seine Wirkstoffe – verbotene Arzneimittel im Sport: Seite 84/85

Gynäkomastie vorzubeugen oder „*Choriongonadotropin (HCG) zur Stimulierung der endogenen Testosteronproduktion bzw. Verhinderung einer Hodenathrophie*"[23]

5.4 Veränderung der sportlichen Leistung durch Doping mit anabolen Steroiden

Zwischen 1950 und 1960 konnte der Weltrekord im Kugelstoßen der Männer um 2,24m erhöht werden, in den nächsten 30 Jahren aber nur mehr um 3m, was darauf schließen lässt, dass die immense Steigerung zwischen 1950 und 1960 aus der Verwendung anaboler Steroide resultiert, da zu dieser Zeit der Missbrauch von anabolen Steroiden populär wurde und auch noch nicht kontrolliert werden konnte.

„Erstmals wurde bei den Olympischen Spielen 1976 auf anabole Steroide kontrolliert."[24]

Die Kontrolle des Steroidmissbrauchs führte zu einem Leistungsabfall in Disziplinen wie Kugelstoßen und Gewichtheben. Als zu Beginn der 90er-Jahre auch Dopingkontrollen außerhalb der Wettkämpfe, nämlich während des Trainings durchgeführt wurden, führte dies zu einem erneuten Leistungsabfall, da nun auch im Training keine anabolen Steroide mehr verwendet werden konnten. Die Leistungen waren plötzlich deutlich niedriger als vor der Zeit der Kontrollen. Die derzeitigen Weltrekorde, welche unter Einfluss von anabolen Steroiden erreicht wurden, sind unter sauberen Bedingungen wahrscheinlich nicht mehr zu erreichen.

---

[23] Grupe,Haas,Kamber,Kindermann,Kley,Schänzer: Doping und seine Wirkstoffe – verbotene Arzneimittel im Sport: Seite 85
[24] Grupe,Haas,Kamber,Kindermann,Kley,Schänzer: Doping und seine Wirkstoffe – verbotene Arzneimittel im Sport: Seite 88

6 QUELLENANGABE, BILDQUELLEN UND BEGLEITPROTOKOLL

6.1 Quellenangabe

- Prof. Dr.van Ginkel, J.A.: Profiling Anabolic Androgens and Corticosteroids in Doping Analysis - Rijksuniversiteit te Utrecht, 1992

- Yesalis,Charles E.: Anabolic steroids in sports and exercises, 2nd ed., Champaign (IL): Human Kinetics, 2000

- Grupe,Haas,Kamber,Kindermann,Kley,Schänzer: Doping und seine Wirkstoffe – verbotene Arzneimittel im Sport, Balingen, Spitta Verlag

- http://de.wikipedia.org/wiki/Testosteron (20.11.2009)

- http://de.wikipedia.org/wiki/Anabole_Steroide (20.11.209)

- http://www.solutions-in-sports.de/SIS-Doping-Dr.Luensch.pdf (20.11.2009)

- http://de.wikipedia.org/wiki/Endokrinologie (30.11.2009)

- http://de.wikipedia.org/wiki/Analoga (30.11.2009)

- http://de.wikipedia.org/wiki/Synthese_(Chemie) (3.12.2009)

- http://de.wikipedia.org/wiki/Follikulitis (5.01.2010)

6.2 Bildquellen

- Titelbild
  http://www.3athlon.de/3athlon/img/_misc/doping/Dopingcool_maxi.jpg
- Abbildung1
  http://upload.wikimedia.org/wikipedia/commons/c/ce/Testosteron.svg
- Abbildung2
  http://de.academic.ru/pictures/dewiki/50/200px-Androstane_svg.png
- Abbildung3
  http://www.solutions-in-sports.de/SIS-Doping-Dr.Luensch.pdf
- Abbildung4
  Prof. Dr.van Ginkel, J.A.: Profiling Anabolic Androgens and Corticosteroids in Doping Analysis - Rijksuniversiteit te Utrecht, 1992

6.3 Begleitprotokoll

- Anfang der 8. Klasse: Beschluss des Schreibens einer Fachbereichsarbeit

- Freitag, 11.09.2009: Erstes Treffen mit Prof. Decker; Erhalten der Kriterien zum Schreiben einer Fachbereichsarbeit sowie des Genehmigungsformulars.

- Montag, 28.09.2009: Nochmaliges Treffen mit Fr. Prof. Decker.

- Donnerstag, 1.10.2009: Führung durch die Stadtbibliothek

- Mittwoch, 7.10.2009: Besuch der Nationalbibliothek, sowie der Universitätsbibliothek

- Montag, 26.10.2009: Besuch der Austrian Research Centers GmbH in Seibersdorf und Beschaffung meiner Unterlagen.

- Freitag, 30.10.2009: Erhalten des Templates für Seminararbeit durch Fr. Prof. Decker

- Freitag, 13.- Sonntag 15.11.2009: Recherche im Internet.

- Freitag, 20.11.2009: Beginn der schriftlichen Arbeit an meiner Fachbereichsarbeit

- Freitag, 27.11.2009: Treffen mit Fr. Prof. Decker; Besprechung des bereits Geschriebenen.

- Samstag, 26.12.2009: Wiederaufnahme der Arbeit an meiner Fachbereichsarbeit

- Dienstag, 5.01.2010: Überarbeitung des bisher Verfassten Teils meiner Arbeit; Beendung des 3. Großkapitels

- Samstag, 6.02.2010: Fertigstellung des Textes; 1. Überarbeiten des Gesamttextes; kleinere Layoutänderungen.

- Mittwoch, 10.02.2010: Hinzufügen kleinerer Details; Verfassen des Nachworts

7 NACHWORT

Diese Arbeit beinhaltet diverse Aspekte im Zusammenhang mit dem Thema „anabole Steroide". Angefangen von den Versuchen der Menschen, die Nebeneffekte der Kastration zu reversieren, über die Verwendung zur heutigen Zeit, bis hin zu den chemischen Eigenschaften.

Das wissenschaftliche Arbeiten an der Arbeit hat mir sehr gut gefallen, da ich meine Erkenntnisse über anabole Steroide sehr erweitern konnte und einen kleinen Einblick bekommen habe, wie ich in Zukunft während eines Studiums arbeiten werde. Obwohl es mir so gut gefallen hat, diese Arbeit zu verfassen, war es relativ mühsam, da circa 80% meiner verwendeten Literatur auf English sind und das English welches in wissenschaftlichen Studien und Büchern verwendet wird, jenes das in der Schule gelernt wird deutlich übersteigt.

Trotz der Komplexität meines Themas, bin ich froh es gewählt zu haben, da es mich regelrecht in seinen Bann gezogen hat.

BEI GRIN MACHT SICH IHR WISSEN BEZAHLT

- Wir veröffentlichen Ihre Hausarbeit,
  Bachelor- und Masterarbeit

- Ihr eigenes eBook und Buch -
  weltweit in allen wichtigen Shops

- Verdienen Sie an jedem Verkauf

Jetzt bei www.GRIN.com hochladen
und kostenlos publizieren